O^3
214

INSTRUCTIONS

POUR

LES VOYAGES D'EXPLORATION

PAR

M. ANTOINE D'ABBADIE

Membre de la Société de Géographie.

EXTRAIT DU BULLETIN DE LA SOCIÉTÉ DE GÉOGRAPHIE

PARIS

IMPRIMERIE DE E. MARTINET

RUE MIGNON, 2

1867

INSTRUCTIONS

POUR

LES VOYAGES D'EXPLORATION

Quand il s'agit d'explorer un pays nouveau et relativement inconnu, on veut avant tout savoir jusqu'où le voyageur est allé, les directions et les distances des lieux qu'il a visités, enfin leur altitude qui donne de prime abord une idée très-approchée du climat. Ces résultats sont les premiers qu'on demande à l'explorateur dès qu'il est revenu dans sa patrie, et l'on pourrait citer néanmoins tel hardi pionnier de la science qui a étudié les langues, mœurs, usages, histoire naturelle et traditions d'une contrée inconnue jusqu'ici, sans qu'on sache l'étendue, l'aspect, ni même la situation exacte de cette région nouvelle. Dans notre siècle d'aspiration au progrès, bien des jeunes gens ont le courage, le talent et les moyens nécessaires pour s'ériger en explorateurs; mais ils ne savent où prendre un guide afin de s'épargner ces efforts stériles et ces déceptions cruelles qui n'ont pas peu contribué à creuser tant de tombes dans les régions barbares. Arrivé sur le théâtre de ses travaux, le voyageur s'aperçoit souvent, et presque toujours trop tard, que ses bagages sont inutilement exagérés, que ses instruments sont insuffisants, et que l'Europe est déjà trop loin pour réparer des omissions désormais irréparables.

C'est dans la prévision de ces mécomptes qu'avant d'entreprendre un long voyage en Afrique, je me suis attaché à demander aux explorateurs de cette partie du monde les conseils de leur expérience et tous ces détails intimes qu'on n'insère pas dans les relations de voyage parce qu'ils conviennent seulement à de rares candidats. Je dois surtout des remercîments au célèbre M. Rüppel, de Francfort, à son heureux devancier sur le Nil, notre compatriote Caillaud, et enfin à feu Washington, de l'Amirauté anglaise. M. Mac Gregor Laird, bien connu par son voyage au Niger, m'a donné aussi, et par écrit, ces conseils hygiéniques et moraux si précieux quand on parcourt les parties chaudes et humides de l'Afrique.

Ayant profité de l'expérience de mes devanciers et de cette confraternité entre tous les voyageurs qui les a portés à me confier les fruits de leur expérience, je sens à mon tour le devoir de remettre à mes successeurs dans cette pénible carrière des conseils mûris par les épreuves et sanctionnés par la pratique. Ce dépôt sera, nous l'espérons, transmis, grandi et perfectionné à mesure qu'il passera de main en main dans la chaîne des explorateurs à venir.

Après avoir donné mes conseils sur la meilleure manière de faire la carte d'une région nouvelle, je résumerai mes idées sur les moyens moraux à employer pour y pénétrer, tout en prévenant que ces dernières s'appliquent principalement à l'Afrique *intertropicale*.

I

On a tant de fois employé exclusivement le sextant dans les voyages terrestres, et qui pis est, on en a tant de fois conseillé l'usage, qu'il est très-important de réagir contre cette tendance fâcheuse. Le sextant, et le cercle à réflexion à miroirs, ou mieux encore le cercle à prisme, sont des instruments indispensables quand le sol où l'on observe est mouvant, ainsi qu'il arrive dans la navigation ; là, en effet, on se borne à observer les distances des astres entre eux ou bien leur hauteur angulaire au-dessus de l'horizon naturel.

Sur terre, au contraire, l'usage des instruments à réflexion exige un horizon artificiel, c'est-à-dire un instrument de plus ; si ce dernier est à glace, il demande l'adjonction d'un ou deux niveaux à bulle d'air ; s'il est à mercure, il faut encore l'affubler d'un toit dont les glaces ne justifient pas toujours leur prétention à des surfaces rigoureusement parallèles.

Veut-on employer ces instruments à déterminer un azimut vrai et à orienter un tour d'horizon ? les observations sont alors si longues à faire et leurs réductions sont d'une minutie si pénible, qu'on peut à peine nommer un voyageur qui ait eu le courage de surmonter tant d'entraves. Nous croyons qu'on ne citera qu'un seul genre d'observation où le sextant ait été employé à terre avec un succès marquant sur le théodolite ; c'est le cas unique où Humbolt s'en est servi pour estimer la hauteur de vol du condor en mesurant l'angle sous-tendu par son envergure.

Encore pourrait-on mesurer d'une manière plus commode et tout aussi exacte cet angle flottant dans l'air si l'on ajoute un micromètre à la lunette de l'aba, car le prisme objectif de cet instrument permet de balayer le ciel sans que l'observateur soit obligé de prendre pour cela une position gênante. Frappés des inconvénients du sextant sur terre, quelques voyageurs ont cherché à les amoindrir en ajoutant un niveau à bulle d'air à sa lunette et en le dressant sur un pied qui permette à l'instrument de rester fixe dans toute inclinaison de son plan par rapport à l'horizon ; mais il est plus simple de remplacer 5 ou 6 instruments par un seul, et de substituer un théodolite ou un aba à l'ensemble du sextant, de son pied, du niveau ajouté à sa lunette et des trois pièces enfin dont la réunion constitue un horizon artificiel.

Le théodolite, par suite de sa construction, réduit à l'horizon les angles qu'on observe. S'il est préparé pour donner à la fois les angles vertical et horizontal, il permet aussi bien d'obtenir la distance vraie entre deux astres par la combinaison de leurs distances zénitales ou apozénits et de leur différence d'azimuts. Enfin, il peut servir sur terre à tous les usages auxquels on a appliqué le sextant muni de tout son attirail d'instruments accessoires.

L'alt-azimuth des Anglais est un théodolite à deux cercles entiers et fait ordinairement dans de petites dimensions. Il participe aux inconvénients de ce dernier instrument : malgré tous les soins, on est quelquefois obligé de les nettoyer, et c'est en les démontant qu'on est vraiment effrayé du nombre de pièces dont ils se composent, et surtout des vis inutilement multipliées pour les relier ensemble. Ces vis se relâchent souvent en voyage, s'échappent parfois entièrement de leurs écrous, et si une seule d'entre elles vient à se perdre alors, le voyageur se trouve en pays barbare devant un instrument encore joli, mais déjà hors de service.

Un long usage de l'alt-azimuth m'a amené à le simplifier en plusieurs points essentiels. Il en est résulté un instrument nouveau que j'ai appelé *aba* (1) et que notre habile artiste M. Eichens a déjà fait sur trois dimensions différentes. Je préférerais en voyage le modèle moyen.

Dans l'aba, il n'y a que trois vis nécessaires comme pieds de l'instrument pour le mettre toujours dans la même position par rapport à la verticale : ce nombre est bien loin de celui des vis d'un théodolite où on les place quelquefois par centaines. L'oculaire de la lunette est dans le centre du cercle vertical, qui est ainsi très-facile à lire puisqu'il est toujours tourné vers l'observateur. Les pinces et les vis tangentes sont remplacées par une crémaillère, et la lunette repère est supprimée parce qu'il est plus simple de vérifier l'immobilité de l'instrument en réitérant une observation azimutale déjà faite et enregistrée. La perfection atteinte par

---

(1) Les savants disputent sur l'origine du terme *théodolite* ; on n'est même pas d'accord, hors de France, sur l'instrument auquel ce mot doit s'appliquer. Comme celui que je vais décrire offre plusieurs nouveautés dans sa forme et dans ses détails, j'ai cru pouvoir lui donner un nom nouveau qui a du moins l'avantage d'être court et de ne posséder aucune étymologie.

l'artiste permettant de bien placer les niveaux une fois pour toutes, on n'aura plus à en régler les fioles avant de se mettre en observation. Cette précaution est indispensable avec les mauvais niveaux dont on disposait jusqu'ici, mais elle est si longue et si pénible qu'on la néglige d'ordinaire tout en omettant de noter cet oubli, si fatal ensuite pour l'exactitude des résultats. En réduisant beaucoup le nombre de pièces ou d'assemblages dont se compose l'instrument, j'ai rendu sa solidité plus grande, et pour le démonter on n'aura à retirer que des goupilles qu'on peut remplacer, en cas de perte, bien plus aisément que des vis.

La lunette de l'aba est relativement très-forte, car pour observer il faut avant tout voir. J'ai constaté ailleurs que les montagnes lointaines, visibles à l'œil exercé mais nu, ne le sont plus dans les trop petites lunettes des instruments portatifs ordinaires.

J'ai préféré la division décimale des cercles, les verniers donnant des centièmes de grade ou 32″,4. L'expérience montre en effet que, soit dans l'observation, soit dans les calculs de géodésie qui s'ensuivent, on fait autant d'ouvrage en cinq heures avec les divisions décimales qu'en sept heures en usant des sous-divisions sexagésimales.

L'excentricité très-grande de la lunette a été dictée par le désir de tenir l'œil toujours dans une position commode ; mais cette excentricité même servira dans bien des cas à déterminer approximativement les distances des signaux situés à moins d'un kilomètre, en employant la différence d'azimut qui résulte de leur observation faite successivement à droite et à gauche.

L'usage principal de l'alt-azimut ou de l'aba est de relever sur le parcours de l'horizon les différences d'azimut et les apozénits de tous les signaux remarquables. C'est ce qu'on appelle prendre un tour d'horizon, et comme moyen de contrôle, il est préférable de faire cette opération d'abord avec les signaux à droite, puis en observant ces mêmes signaux à gauche.

Quand on étudie ainsi une chaîne de montagnes, il est essentiel d'en relever chaque sommité, car telle aspérité qui vue d'une première station, y semble insignifiante, joue souvent le rôle d'un faîte saillant dont l'importance se révèle lorsqu'on l'observe d'une station nouvelle.

Pour orienter cette suite d'azimuts, on se sert souvent de l'heure à laquelle on y observe le soleil. Mais il est plus simple de calculer l'azimut vrai par l'apozénit observé de l'astre, ce qui permet d'obtenir aussi l'erreur de la montre, pourvu qu'on note son heure au moment de l'observation.

Ces calculs astronomiques sont pénibles à faire lorsqu'on travaille souvent en plein air et entouré de toutes les interruptions si fréquentes en pays demi-sauvages. L'expérience montre d'ailleurs, qu'il est plus facile de consacrer toute une journée à faire des observations qu'à exécuter les calculs imposés par les méthodes suivies jusqu'ici. C'est pourquoi je recommande ma méthode des azimuts correspondants. Elle consiste à observer le même bord du soleil aux mêmes apozénits matin et soir, ou soir et matin. Cette manière d'opérer exige, il est vrai, un temps deux fois plus long, mais il fournit une foule de moyens de contrôle soit pour déterminer les erreurs constantes de l'instrument, soit pour avoir les résultats qu'on cherche, c'est-à-dire les apozénits et les azimuts vrais. Pour obtenir ceux-ci avec une approximation suffisante en voyage, il suffira d'ajouter les observations par paires, de les diviser par deux, et de les ramener aux signaux communs qui les relient. Ce calcul si simple n'est rigoureux qu'aux solstices; pour avoir des calculs exacts à d'autres époques, il faut avoir égard au changement du soleil en distance polaire entre les deux observations que l'on compare.

On tient compte de ce changement par un calcul analogue à celui des hauteurs correspondantes qui ont rendu tant de services pour la détermination du temps; mais il est rare que ce calcul supplémentaire soit utile pour une première ébauche de la carte, et à moins de loisirs forcés, on n'en fait pas d'autre en voyage.

Un avantage non moins précieux de la méthode des azimuts correspondants, c'est qu'elle donne, sans qu'on s'en doute pour ainsi dire, la latitude du lieu d'observation. Les voyageurs scrupuleux voudront néanmoins contrôler cette latitude, soit en observant le plus petit apozénit d'un astre, soit par la méthode, bien plus exacte, des hauteurs angulaires circumméridiennes. Celles-ci sont calculées ordinairement par les différences de temps notées, mais ce qu'on ne sait pas assez, c'est que les hauteurs angulaires prises de part et d'autre du méridien, se laissent réduire tout aussi bien quand, à défaut de montre, on lit à chaque fois la différence d'azimut sur le cercle horizontal de l'instrument. Il est bon d'observer que le sextant est impuissant pour donner carrière à cette dernière méthode qui mérite d'être mieux connue.

Afin d'obtenir la longitude, on a trop coutume de recommander les distances lunaires. Ces distances, prises le plus souvent dans une direction oblique à l'horizon, exigent beaucoup de pratique pour être valables ; d'ailleurs, si l'on veut éviter la longueur rebutante des calculs, il faut un second observateur pour déterminer la hauteur de chaque astre au moment de leur distance observée. On peut, il est vrai, prendre alternativement la hauteur d'un astre, la distance lunaire, la hauteur de l'autre astre, et continuer ainsi pendant une heure ou deux ; mais on perd alors beaucoup de temps si l'on n'a pas trois instruments différents.

Il est donc préférable de déterminer sa longitude au moyen de l'aba, soit par la différence d'azimut de la lune et d'un astre, car on observe alors en même temps leurs apozénits, soit en prenant de simples apozénits de la lune. Cette dernière méthode est préférable dans les contrées intertropicales.

On doit noter la plus petite fraction de l'heure à chacune de ces observations, qu'il est préférable de faire en longues séries et de contrôler en renversant la position du cercle vertical absolument comme on le fait pour les hauteurs circomméridiennes et les azimuts correspondants. Une série d'apozénits lunaires donnera la longitude à 5 ou 6 kilomètres près, ou environ 3 minutes en arc. Si l'on reste assez longtemps dans un lieu, il sera bon d'observer ainsi la lune des deux côtés du méridien, quand son apozénit sera compris entre 50 et 75 degrés.

Une manière encore moins fatigante de trouver la longitude, consiste à observer les éclipses des satellites de Jupiter, au moyen d'une bonne lunette spéciale. Le calcul est alors limité à une simple différence de nombres; mais il est nécessaire d'avoir des tables où les éclipses soient indiquées d'avance, et même alors on s'expose à d'assez grandes erreurs, soit à cause des incertitudes des prédictions, soit parce que ces éclipses se manifestent plus ou moins tard, suivant la force de la lunette.

Celle-ci doit être assez bonne pour montrer aisément l'étoile polaire double, ce qui a lieu rarement dans les objectifs moins larges que 7 centimètres. Mais cela peut néanmoins se rencontrer, car on a divisé la polaire avec un objectif d'une rare excellence, et qui avait seulement 44 millimètres d'ouverture. En voyage, il est avantageux de monter sa lunette sur un pied parallactique, construit pour faire varier l'inclinaison de l'axe polaire dans les limites en latitude où l'on se propose d'observer.

Ainsi établie, cette lunette sera surtout utile pour noter le moment précis où une étoile disparaît derrière le bord obscur de la lune dans ses deux premiers quartiers. C'est ce qu'on appelle une occultation, et ce genre d'observation, facile à faire, mais long à calculer, donnera la longitude aussi à 5 kilomètres près. Cette incertitude sera diminuée de moitié environ, lorsqu'il s'agit d'une grosse étoile dont on aura noté la disparition à un bord et la réapparition à l'autre bord de la lune.

Si la lunette est munie d'un micromètre, on accroît

tra beaucoup la valeur d'une occultation en observant plusieurs distances successives de l'astre au bord voisin de la lune, avant l'occultation, s'il s'agit de la disparution d'une étoile, ou bien après sa réapparition de l'autre côté de la lune.

Une occultation est un phénomène instantané et facile à bien observer, surtout quand elle a lieu sur le bord obscur de la lune. Mais ces éclipses d'étoiles sont comparativement rares, et l'on veille longtemps quelquefois en suivant une étoile qui s'approche seulement de la lune sans être occultée ; dans ce cas, quelques distances prises au micromètre peuvent donner une bonne longitude.

Au contraire, on peut toujours prendre une série d'apozénits de la lune chaque fois que cet astre est visible, pourvu qu'il ne soit pas trop près du méridien, et c'est en conséquence la meilleure méthode usuelle pour déterminer en voyage la longitude par des observations indépendantes.

Quant à l'altitude absolue d'un lieu, elle s'obtient soit par le baromètre, soit par l'hypsomètre ou thermomètre à eau bouillante. Il ne faut pas songer à faire voyager sur terre un baromètre à mercure. Cet instrument exige trop de précautions dans le transport, et lorsqu'il s'y introduit une bulle d'air, rien n'avertit l'observateur d'une cause d'erreur grave, et désormais permanente.

On évite ces inconvénients en usant d'un baromètre anéroïde, dont plusieurs personnes disent beaucoup de bien. Le témoignage le plus saillant à cet égard, est celui de M. Bourdiol qui, dans le climat *chaud et hu-*

mide de l'isthme de Panama, en a suivi les indications en même temps que celles de deux baromètres de Gay-Lussac. Ceux-ci différaient plus entre eux qu'avec l'anéroïde. Il serait donc fort utile de bien comparer ensemble ces instruments dans des circonstances exceptionnelles et d'en publier tous les détails afin de faire évanouir les objections théoriques qu'on fait encore contre le baromètre anéroïde.

Le baromètre n'exige qu'une *observati m* très-courte. À son défaut, il faut avoir recours à l'h/psomètre. Cet instrument, très-portatif d'ailleurs, exige au contraire une *expérience* qui peut durer demi-heure environ. Il doit être exposé à la vapeur d'une eau bonne à boire mise en ébullition par un feu de petit bois. Pour être à l'abri de la flamme et de la fumée, on lira l'hypsomètre à 1 ou 2 mètres de distance au moyen d'une toute petite lunette établie sur un pied léger. Enfin, pour contrôler la lecture de cet instrument, on en observera successivement 2 ou 3 gradués différemment, c'est-à-dire l'un en grades et l'autre en mètres approximatifs d'altitude.

On fait les hypsomètres un peu longs afin de s'y réserver une division dans les environs du point de zéro dont on devra étudier les variations chaque fois qu'il sera possible d'entourer de glace pilée le tube de verre placé dans un entonnoir ou dans un linge. Mais on trouve rarement de la glace en voyage, et bien des gens préféreront un hypsomètre plus court sans graduation près du zéro et qu'on se contentera de comparer quand on le pourra avec un bon baromètre à mercure. Un petit hypsomètre de ce genre, employé tout seul pendant cinq années de suite en Ethiopie, nous a donné l'altitude avec une erreur moyenne de 40 mètres environ.

Jusqu'ici il n'a été question que des coordonnées *absolues* de latitude, de longitude et d'altitude. Les coordonnées relatives s'obtiennent par les méthodes expliquées au long dans notre *géodésie d'Éthiopie*. Les tours d'horizon fournissent tous les éléments des triangles soit horizontaux soit verticaux. Il arrivera rarement qu'on puisse observer les trois côtés d'un triangle; mais la concordance des altitudes suffira, dans la plupart des cas, à contrôler la réalité et l'exactitude du triangle horizontal qui fournit les différences de longitude et de latitude; on trouvera d'ailleurs souvent le moyen de vérifier la position d'un signal en l'observant encore d'une nouvelle station. Dans les travaux de ce genre, on doit se borner à employer les signaux naturels tels que les édifices remarquables, surtout les sommets des montagnes, où l'on observera toujours de préférence le centre du point le plus élevé et dans le cas d'une longue crête, on notera en hauteur et en azimut chaque extrémité de ce faîte horizontal.

Toute géodésie doit partir d'une base, c'est-à-dire d'une longueur mesurée à la surface de la terre orientée avec soin, et dont un des bouts soit bien établi, dans ses trois coordonnées, par les méthodes indépendantes. La théorie demande qu'une base soit la plus longue possible, et comme en voyage il s'agit d'opérer vite, on y préférera une base déterminée par la latitude observée en deux stations visibles l'une de l'autre et reliées ensemble au moyen d'un azimut vrai, ne s'éloignant du méridien que de 30 degrés au plus. Cet azimut sera simple ou réciproque, ce dernier valant mieux que l'autre.

J'ai pu établir ainsi une base longue de plus de 100 kilomètres, en épiant le moment favorable pour relever la pointe d'une montagne connue. Une base de ce genre est appelée base astronomique. L'incertitude sur chaque latitude étant de 10 secondes environ, on n'aura à craindre, dans le cas le plus défavorable, qu'une erreur de 20 secondes ou 600 mètres environ sur la totalité de la base, et comme dans la suite du réseau géodésique cette erreur est divisée par la longueur de cette base, l'incertitude générale de la carte s'amoindrit d'autant plus que la base est agrandie.

A défaut de signaux convenablement situés en latitude, on peut aussi établir une base astronomique en observant avec grand soin les longitudes de deux stations qui se voient réciproquement et dont la situation relative ne dépasse guère 30 degrés d'un côté ou d'autre du premier vertical, c'est-à-dire de la ligne est-ouest.

Mais comme l'incertitude d'une longitude absolue est environ quinze fois plus grande, sur la surface de la terre, que l'erreur probable d'une latitude, on doit regarder comme un pis-aller la mesure d'une base au moyen de deux longitudes et de l'azimut qui les assemble.

Il sera alors préférable de se ménager une base par la vitesse du son en employant les formules de M. Chazallon. Si l'on a du canon à sa disposition, on pourra mesurer ainsi des distances qui s'étendent jusqu'à 50 kilomètres, et dans les cas, rares d'ailleurs, où le canon serait tiré du sommet d'un signal visible de plusieurs stations, d'où autant d'observateurs pourraient relever la station centrale tout en notant le temps de parcours du son, on lèverait ainsi, avec une grande promptitude, un vaste périmètre de terrain. Le plus souvent on ne dispose que de fusils : on les charge alors fortement et ils s'entendront jusqu'à 5 kilomètres. Pour mesurer une base par la vitesse du son, il est préférable d'éliminer l'influence du vent en employant deux observateurs, l'un à chaque bout de la base et qui tirent alternativement 4 ou 5 coups en notant à chaque fois le thermomètre, le psychomètre, et, une fois pour toutes, le baromètre ou l'hypsomètre, car les indications de ces trois instruments concourent toutes à établir la vitesse en mètres pour chaque seconde qui s'est écoulée entre la vue de la fumée et la perception du son. La fumée ne se voit bien que de jour et au moyen d'une lunette ; de nuit, on aperçoit la flamme à l'œil nu et les circonstances atmosphériques semblent alors moins changeantes et par conséquent plus favorables. S'il n'y a qu'un observateur, il devra constater ou que le vent est nul, ou que sa direction est perpendiculaire à celle de la base ; hors de ces deux cas, il faudra mesurer ou estimer la vitesse du vent et déterminer l'azimut vrai de sa direction.

Faute de mieux, on établira une petite base avec une règle, une chaîne ou un ruban. Il est rare que le terrain ne permette pas de mesurer ainsi une étendue d'une

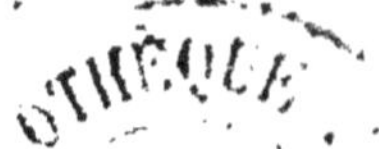

centaine de mètres ; mais de pareilles mesures sont très-pénibles, parce qu'elles ne sauraient être trop minutieusement faites. On pourra quelquefois agrandir beaucoup une petite base en élevant une perpendiculaire à son extrémité, en s'établissant sur celle-ci à une distance au moins aussi grande que la longueur de de la base et en reportant sur le côté opposé une longueur égale à la base mesurée. Cette longueur s'obtient exactement en mesurant avec un aba, ou un alt-azimuth, l'angle sous-tendu par la première base et en reportant cet angle sur le prolongement de cette base effectué par des jalons convenables. L'observateur doit être alors accompagné par un aide intelligent. Dans tous les cas, il faut mesurer avec précision l'inclinaison angulaire d'une base par rapport à l'horizon.

Dans une région dominée par des signaux naturels où l'on a pu mesurer une base astronomique d'environ 50' ou 93 kilomètres, la géodésie expéditive a permis d'établir les différences de latitudes et même de longitudes avec des erreurs qui sont restées au-dessous de 200 mètres.

Le même réseau a donné alors les différences d'altitude avec des incertitudes qui ne dépassaient pas 30 mètres.

Il va sans dire que dans une contrée encaissée ou revêtue de forêts, on doit s'appliquer à obtenir, par observations isolées, les trois coordonnées, et [les établir alors par les méthodes absolues indiquées plus haut.

Résumons ici les noms des instruments qui nous semblent nécessaires dans un voyage de découvertes.

1° Aba de moyenne grandeur, avec ou sans boussole surajoutée.

2 Pied de l'Aba, avec monture toute en cuivre afin de s'en servir pour trouver la déclinaison, et au besoin l'inclinaison de l'aiguille aimantée, si l'on veut porter un instrument spécial pour ce dernier sujet de recherches si peu étudié jusqu'ici en Afrique.

3° Lunette astronomique, la plus petite possible, mais pouvant diviser la polaire, et munie de 2 oculaires grossissant 60 et 100 fois. On y adaptera un micromètre à fils ou à oculaire divisé et à angle de position, afin de mesurer les très-petites distances d'étoiles à la lune, soit avant ou après une occultation, soit dans le cas d'une appulse ou occultation manquée.

4° Pied parallactique pour porter la lunette, léger, à axe polaire variable, et pourvu d'un mouvement en azimut pour trouver le méridien par tâtonnements.

5° Bonne montre à boîtier d'argent, battant les demi-secondes. Les aiguilles doivent être en acier noir et de formes très-différentes, afin de montrer l'heure par une faible lumière.

6° Pendule simple, formé d'une boule et d'un fil métalliques, avec suspension à ressort. Avant de se mettre en route, on aura eu soin de constater, par une latitude connue, quelle est la durée, en secondes, de 100 oscillations de ce pendule. Il serait préférable que chacune d'elles fût de 4 à 6/10ᵉ de seconde. Quand la montre serait hors de service, ce pendule servirait à mesurer le temps écoulé entre le moment où l'on aurait observé le temps absolu par l'apozénit d'un astre et l'instant d'une observation astronomique pouvant donner la longitude.

7° Boussole Burnier, divisée de 0 à 400 grades dans le sens des aiguilles d'une montre, c'est-à-dire où on lirait 100 grades quand on relèverait l'est magnétique. Dans cet instrument comme dans tous les autres, qui portent des divisions, les chiffres doivent être très-lisibles. A cette fin, on les choisira de formes antiques, c'est-à-dire inégaux en hauteur, et tracés d'un trait également épais partout.

8° Bouilloire pour l'hypsomètre fait en cuivre rouge.

9° Trousse de voyage ou boîte en bois de sapin, couverte de cuir grossier et fermant à crochets. Cette trousse contiendrait les quelques 50 objets suivants : 3 hypsomètres. — 2 thermomètres bien pareils, allant de — 10 à + 80 grades, et pouvant servir de psychromètre. Cathétomètre sans divisions, servant à lire l'hypsomètre à 1 ou 2 mètres de distance. — 2 autres thermomètres, longs de 15 centimètres environ, pour les observations ordinaires; je les préférerais à maxima et à minima. — Ciseaux. — Porte-plume qui ne soit ni en laiton ni en or. — Compas plié, avec tire-lignes et crayon. — Décimètre en verre, à divisions très-fines. — Rasoir. — Pincette à épine, très-utile quand on voyage nu-pieds. — Étui à aiguilles, scie, lime fine et autres menus outils. — Couteau contenant 15 ou 20 pièces. — Règle logarithmique pour faire de petits calculs et pour servir à tracer des lignes. — Petite boussole, large d'environ 3 centimètres. — Petit héliostat ou miroir à signaux. — Rapporteur ou cercle entier, en métal blanc, large de 1 décimètre environ, et divisé en demi-grades, dans le même sens que les autres instruments. — Plateaux de balance en parchemin, et qu'on agrafe au moyen d'aiguilles fichées dans des trous pratiqués à la coulisse de la règle à calcul. — Ruban de 1 mètre ou 2, divisé en centimètres. — Poids de 20 grammes avec sous-divisions. — Encrier fermant à ressort. — Autre encrier contenant de l'encre en poudre. — Petit flacon d'huile d'olives. — Ruban de 4 ou 5 mètres, avec leurs sous-divisions. — Loupe servant à allumer au soleil, etc. — Triloupe. — Pierre à aiguiser. — Mèche pour obtenir du feu au briquet, ce dernier faisant partie du couteau. — 5 ou 6 crayons. — Grosse lime. — Encre de Chine. — Pinceau. — Cordonnet de soie. — Bouchons de liége pour l'hypsomètre, si difficiles à remplacer en Afrique. — Pierres à fusil. — Etui contenant 2 douzaines de plumes en fer, bien empaquetées; pareille provision m'a suffi pendant six ans; je préférerais aujourd'hui 3 ou 4 plumes à pointes de rubis. — Petit compteur pour estimer les distances par le total des pas faits, dans le cas où l'on serait privé de montre. On a conseillé l'usage du pédomètre ou compte-pas; mais je ne connais pas cet instrument. Je voudrais ajouter à tous ces petits instruments une montre de rechange. La trousse qui les renferme devra être portée en bandoulière par le serviteur favori; un autre aurait pour toute charge l'aba avec son pied.

J'eus bientôt épuisé en Afrique ma provision de chandelles stéarines, et mes lampes faites pour brûler au besoin du beurre fondu, ne m'ont guère servi. En

Afrique où l'on a tant de peine à trouver à manger, le beurre et l'huile sont bientôt dévorés par les suivants ou donnés à des solliciteurs importuns; il est d'ailleurs souvent très-difficile de renouveler cette provision. Je conseillerai donc de faire, pendant le jour, toutes les observations, excepté dans le cas des occultations où un feu voisin bien entretenu permettrait de lire la montre à la clarté de la flamme, en s'aidant d'une loupe au besoin.

Je me suis très-bien trouvé d'une plaque de porcelaine pour écrire mes observations sur le terrain : je les copiais ensuite dans un registre spécial dès le retour à ma hutte ou bien à l'endroit ombragé qu'on avait choisi pour camper.

Les bagages sont les vrais *impedimenta* de l'explorateur. Sa liberté de mouvements sera d'autant plus gênée qu'il traînera plus de colis avec lui. Il devra donc s'astreindre à porter peu de registres et à écrire ses notes dans des caractères fort serrés ; il s'exercera surtout à avoir une écriture très-lisible. Son livre de route aura la dimension et la forme d'un petit in-octavo un peu large. Je me suis loué d'avoir suivi la méthode des négociants qui consacrent une page entière à un sujet et qui insèrent au bas le numéro de la page plus loin où ce même sujet est continué. Cette dernière page porte le titre identique et donne en tête le chiffre de la page qui l'a suggéré. On aura un registre spécial pour les observations astronomiques indépendantes et un autre consacré aux tours d'horizon et aux bases mesurées par le son.

Avant de se mettre en route, on fera, sur des carrés

de carton mince, une carte en blanc du pays qu'on veut explorer et portant pour toutes écritures les parallèles de latitude et de longitude, tracés de 10 en 10 minutes. Pour la commodité des azimuts, on préférera la projection Mercator, et quant à l'échelle, celle de 1/500 000 suffira pour les grandes explorations.

Afin de porter le moins de livres qu'il sera possible, le voyageur se munira d'extraits pris dans les publications déjà faites sur le pays qu'il va visiter. Pour ceux qui sont exercés aux calculs, les tables de logarithmes de Halma ou de Jahn sont les meilleures, parce qu'elles sont les plus petites. On pourra arracher à la *Connaissance des temps* les feuilles qui contiennent la déclinaison du soleil, ou mieux encore se munir des tables générales du soleil, par Largeteau. Ceux qui lisent l'anglais préféreront le *Synopsis* de Carr, ouvrage qui mérite d'être traduit en français, après avoir été amené au niveau actuel de la science.

En fait de questions générales à résoudre en voyage, le meilleur livre est le *What to observe,* dont la deuxième édition a paru en Angleterre et qui avait été d'abord publié en français sous une forme moins complète.

Prenez pour règle d'observer la latitude une fois par jour. On aura ainsi plusieurs déterminations pour les lieux de séjour qui acquièrent de l'importance par les travaux qu'on y accumule. La série de longitudes doit être prise au moins une fois par quinzaine ; les tours d'horizon le seront aussi souvent qu'il sera possible et serviront, entre autres usages, à bien identifier la position exacte de la station de latitude ou de longitude.

A la suite de chaque tour d'horizon, relevez à la boussole, à des intervalles d'un angle droit environ, au
moins quatre des signaux qu'on vient d'orienter avec
l'aba. Cette précaution donnera, à peu de frais, la
déclinaison de l'aiguille aimantée. Chaque fois qu'il
sera possible, réitérez toute observation dans le même
lieu après un intervalle d'au moins vingt-quatre
heures ; par cette méthode de contrôle, vous éviterez
bien des incertitudes et souvent même des erreurs
graves.

Il faut prévoir le cas où l'on sera privé d'instruments (fig. 1) :

Pour mesurer une distance inaccessible qui aboutit
de l'autre côté d'un ravin ou d'une rivière, M. Galton

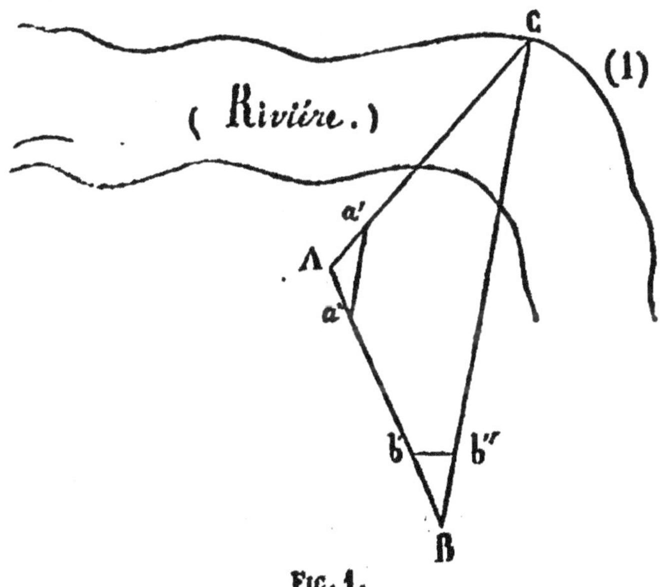

Fig. 1.

indique la méthode suivante qui a le grand avantage
de donner des angles sans le secours d'instruments
divisés. Ayant mesuré au pas la distance A B, on dé-

termine de la même manière les longueurs Aa', Aa'' = Aa' et enfin on mesure la distance a' a''. Le triangle Aa' a'' donne l'angle CAB. On détermine de la même manière le triangle Bb' b'' qui permet de calculer l'angle CBA :

$$\sin \frac{\text{CBA}}{2} = \frac{b'b''}{2Bb'}$$

on calcule de même l'angle CAB, et l'on obtient enfin les distances cherchées CA, CB.

M. Galton, qui a fait plusieurs mesures de cette façon, trouve que l'erreur n'atteint pas 5 pour 100 de la distance cherchée.

Quand la défiance évidente des indigènes ne permet pas de faire des mesures d'une manière ostensible et quand le terrain où l'on se trouve est horizontal, ainsi qu'il arrive souvent sur la berge d'une rivière, on peut mesurer grossièrement sa largeur ou toute autre distance au-dessous de 100 mètres, en se tenant bien droit et en inclinant un parasol jusqu'à ce que son bord couvre exactement le signal; on fait ensuite un quart de tour sur place et l'on reporte, au moyen du parasol, la même distance jusqu'à un point où l'on fait arriver un serviteur. On rejoint enfin celui-ci en comptant ses pas. C'est comme si l'on mesurait avec un compas la largeur d'un trou pour rapporter ensuite cette ouverture du compas sur une feuille de papier où l'on appliquerait enfin une règle divisée. Dans cette trigonométrie très-expéditive, qu'on peut réitérer pour contrôle, la base est la hauteur de l'œil. Le voyageur doit d'ailleurs s'exercer de temps en temps et en lieux propices, à voir combien il fait de pas sur une ligne mesurée de 100 mètres, ou mieux encore, à mesurer sur une ligne horizontale la distance qu'il parcourt en 100 pas. Il obtiendra ainsi la longueur de son pas.

On donnera beaucoup plus d'exactitude à l'ouverture du compas dont nous parlions, en employant un jalon muni d'une double croix, dont le bras supérieur porte un fil à plomb P qui vient battre une marque *m* faite sur le bras inférieur (fig. 2). En tête du jalon on as-

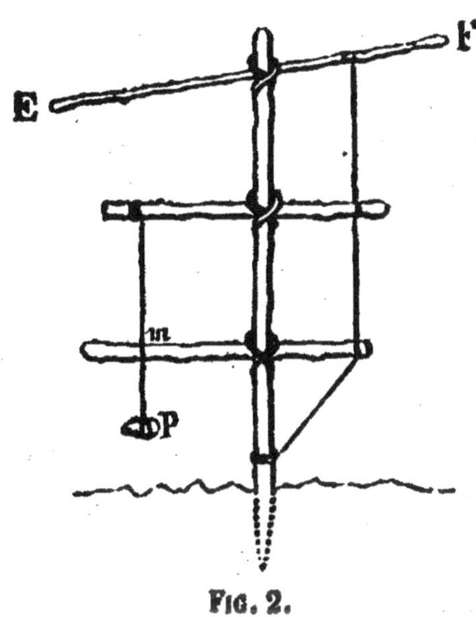

Fig. 2.

sujettit un troisième bras E F, qu'on incline de manière à ce que son axe coïncide avec la ligne visuelle passant par le signal. La ligne F E prolongée sur le terrain horizontal à portée, donnera fort bien la distance cherchée, pourvu que l'on incline alors le jalon de manière à ce que le fil à plomb passe encore précisément par sa ligne de foi *m*, en la battant très-légèrement.

Il est utile de mesurer d'avance sa propre hauteur, celle de son œil, de sa coudée, de son genou, etc.

M. Galton remarque qu'en tendant le bras et tous les doigts, la distance entre le bout du pouce et celui du médius sous-tend un angle égal au 6ᵉ d'un angle droit et que le pouce et l'index en sous-tendent alors le 8ᵉ.

On peut s'exercer à faire des mesures grossières de cette façon, mais, quand on a une règle divisée en miliimètres, comme le bord de la règle à calcul précitée, il sera préférable de s'en servir, dans une position apprise, à bras tendu, en employant comme viseurs l'extrémité de la règle et l'ongle du pouce qui glisse le long de la division; on lit enfin alors le nombre de millimètres qui, d'après des comparaisons déjà faites avec un instrument divisé, donnera alors, d'une manière approximative, l'angle cherché. En un mot, cette méthode est fondée sur celle des dessinateurs qui estiment une distance par la longueur du crayon qui la couvre.

II

Dans les conseils ci-dessus, j'ai tâché d'énumérer, de la manière la plus brève, les règles *matérielles* qui doivent servir de base à la géographie positive.

Il serait aisé de s'étendre beaucoup sur ce qui précède, tout en ajoutant des exemples numériques et des explications à quelques conseils qui peuvent paraître étranges, mais il ne fallait pas oublier que la Société de géographie a demandé de brèves instructions, et non un ouvrage didactique. Nous sentons néanmoins que plusieurs personnes, animées du feu sacré des voyages, voudraient connaître nos idées sur les moyens moraux à employer pour pénétrer dans les contrées sauvages et peu ou point connues.

Le narré d'un souvenir personnel servira à mettre en relief le prix de la philosophie des voyages, si j'ose employer ce terme ambitieux :

Des relations avec un savant allemand m'ayant conduit à Hambourg, j'y reçus la visite du malheureux Roscher qui s'enquit longuement de mes méthodes d'observation. Il discuta avec un soin et une intelligence rare, et mon choix d'instruments et la manière dont je lui conseillais de s'en servir. Il avait cette belle ardeur qui fait présager le succès : je m'intéressais vivement à sa noble entreprise, et quand, épuisés tous les deux par six heures continues de conseils et d'explications, nous nous séparâmes enfin, à deux heures du matin, je dis à ce digne émule que je n'avais pas fini, et que j'ajouterais le lendemain des renseignements utiles. Je voulais parler de la manière morale de voyager, et je regrette encore aujourd'hui de n'avoir pas fait pressentir, dès-lors, l'avenue nouvelle, si importante, que nous devions parcourir.

A cette fin, je retardai de vingt-quatre heures mon départ de Hambourg; mais pour une raison ou une autre, Roscher, dont l'adresse m'était inconnue, ne reparut point. On sait assez qu'il est entré ensuite en Afrique, trop brusquement peut-être, et que, trahi par ses guides, il a perdu sa noble vie sur cette terre mystérieuse qui a séduit et attiré tant de voyageurs, pour boire obscurément leur sang.

Nous allons résumer ici le fruit de notre expérience

sur ce qu'on peut appeler les conseils moraux. Après s'être renseigné sur le pays où l'on veut pénétrer, il est indispensable d'en apprendre la langue, car les bons interprètes sont fort rares, même dans les pays civilisés, et un voyageur chemine mieux en apprenant par expérience un idiome nouveau que s'il se fait aider par un drogman fallacieux. En s'ingéniant à chercher les mots indispensables pour la route, on arrive à démontrer que 500 ou 600 suffisent pour tous les besoins de l'exploration, même en y comprenant de larges renseignements sur les pays inconnus, leurs habitants, leur commerce et leurs relations politiques. Pour parer d'avance à un tour qu'on aime partout à jouer au nouveau venu, celui-ci doit commencer ses études linguistiques par la connaissance des mots injurieux et impropres. Il s'évitera ainsi bien des embarras.

C'est une grande erreur de croire qu'il faut être armé chez les nations barbares. Malgré ses armes à feu, l'Européen est bien vite réduit à l'impuissance, par la ruse naturelle aux sauvages. On peut citer à cet égard la triste mort de Mungo-Park et de ses compagnons; de Vaudey, sur le fleuve Blanc, et probablement du baron de Decken et de ses compagnons, sur le Jub. Un voyageur qui se présente chez les sauvages en ayant pour toute arme un bâton, proclame silencieusement, et en toute occasion, qu'il y entre en hôte et en ami. Néanmoins, comme cette ardeur courageuse qui pousse vers les explorations, s'allie au respect de sa propre personne et au désir généreux de mourir en combattant quand on se voit trahi, il peut être utile, pour ces cas extrêmes, d'avoir appris le maniement complet du bâton, qui peut devenir ainsi un instrument de mort quand il semblait n'être qu'une houlette. Mais malheur au voyageur qui est obligé d'en venir là. Comme dit Montesquieu, cité par un auteur encore plus illustre : Ce n'est pas la fortune qui gouverne le monde, c'est la conduite générale qui produit tous les accidents particuliers.

Partout où il y a quelques familles, il y a société humaine, et toute société a ses us, ses préjugés et sa religion plus ou moins élaborés et définis. On s'en assurera par avance, on s'informera surtout de la méthode employée pour sanctionner un contrat. Les Africains les plus ignorants ont en effet des formes de serment qu'ils n'osent ni prodiguer ni enfreindre. Tel jette une pierre comme le Çomali occidental, tel jure par la bride de son cheval ou en éteignant une flamme par son souffle; la plupart des Ethiopiens rendent un contrat indissoluble s'ils en ont répété les termes en égorgeant une bête dont ils mangent ensuite.

J'ai connu des guides, stupides d'ailleurs, qui se sont crus à jamais déshonorés, parce que les voyageurs qu'ils conduisaient avaient été tués en route dans de mauvaises rencontres. Un guide de choix doit avoir quelque importance dans sa tribu, et posséder la réputation de cette prudence et de cette sagacité, si nécessaires à l'emploi qu'on veut lui confier.

Dans les caravanes de marchands éthiopiens, on répète avec raison qu'on avance plus avec les mains qu'avec les pieds. Cela veut dire qu'on fraye la route au moyen de cadeaux. Mais un cadeau ne doit pas être donné trop facilement, comme si on voulait se débarrasser d'une sollicitation importune ou s'alléger d'un bagage incommode : bien plus, avant de s'en dessaisir il est bon d'en accroître l'importance par un long discours, de le donner enfin comme à regret parce qu'on en prise la rare valeur et parce qu'on tient à l'amitié si *utile* et si *inaltérable* de celui à qui on l'offre. Ces fleurs de rhétorique sauvage sont banales en Afrique et j'ai souvent vu l'événement donner raison à celui qui les avait employées par suite d'une habitude invétérée chez l'Africain. Les étoffes forment les meilleurs cadeaux, parce qu'elles occupent un petit espace en voyage et que leur déploiement relativement si vaste leur donne une grande importance aux yeux des gens simples. On préférera les étoffes de laine et de soie, surtout avec des couleurs voyantes, et on les cachera à tous les yeux pendant la route.

Quant aux menus cadeaux qui, servant de moyen d'échange, peuvent passer pour monnaie courante chez les sauvages, c'est près de leur frontière qu'il faut et s'en informer et s'en pourvoir, car un changement minime dans la forme ou dàns la couleur, d'une verroterie par exemple, aura souvent pour effet de rendre toute une provision complétement inutile sur les marchés qu'on veut visiter.

Nul explorateur ne doit pratiquer la médecine. Cela prend beaucoup trop de temps, et comme l'art de guérir est fondé surtout sur l'observation en présupposant l'hygiène du pays où le praticien exerce, le plus habile est exposé à s'égarer là où la nourriture, les habitudes et tout ce qui concourt à former ou modifier le tempérament lui sont également inconnus. J'ai vu un habile médecin de l'Hôtel-Dieu de Paris faire moins de guérisons en Éthiopie que n'en obtenait tel empirique indigène. Pour toute pharmacie, on emportera de la quinine, de l'émétique à employer au début d'une fièvre pernicieuse, et du sulfate de zinc pour l'ophthalmie, cette plaie de l'Afrique orientale. Tout au plus ajoutera-t-on à ces remèdes du mercure liquide servant à préparer quelquefois de l'onguent pour un mal bien connu que les indigènes ne savent pas traiter, et de l'ammoniaque pour les morsures des bêtes vénimeuses. Mais ce dernier liquide se conserve mal, et si l'acide phénique peut toujours le remplacer, il vaudra mieux s'en servir.

Donnons quelques conseils à l'explorateur lui-même. La règle d'Horace s'applique au voyageur tout aussi bien qu'à l'athlète : *abstinuit venere et vino.* C'est avant de partir et en Europe même qu'on doit apprendre par la pratique ses limites personnelles pour tous les exercices du corps, pour l'abstinence, le jeûne même, et pour la faculté de supporter la soif et le manque de sommeil. En voyage, on devra toujours rester bien en deçà de ces limites.

Les réunions de savants spéciaux allant faire des recherches au loin ne réussissent bien que dans les expéditions maritimes, car le pavillon porte la patrie avec lui et la discipline du bord donne toujours de l'unité aux explorations de détail. Sur terre il en est autrement. Le philologue veut séjourner parmi les groupes de population : pour lever la carte, l'astronome passera beaucoup de son temps sur les sommets des collines ; le botaniste préférera errer dans la campagne et fréquenter au contraire le fond des vallées où il sait

trouver de plus amples moissons de plantes. Il est mal-
aisé de concilier des intérêts si divers. S'il ne s'agit
même que de deux compagnons de route, quand ils
s'accordent ils sont trop portés à parler la langue de
leur patrie et à discourir entre eux de leurs projets et de
leurs espérances. Ces délassements naturels à des exilés
font perdre alors un temps précieux. Si, comme il arrive
le plus souvent, deux ou plusieurs voyageurs qui che-
minent ensemble ont de légères différences de caractères
ou d'humeurs, elles s'aigrissent par ces contrariétés
inhérentes à toute exploration difficile et qui tiennent
au climat, au nouveau genre de vie et surtout au commerce des indigènes qu'on ne sait ni prendre ni mener.
De toutes façons, il est plus sage de voyager seul ; meme
un serviteur étranger devient inutile et intolérable
quand il est loin de sa patrie.

On a agité la question de savoir si un Européen doit
suivre partout son régime habituel ou adopter immédiatement celui de ses hôtes ; le plus sage est d'éviter
ces deux extrêmes et de choisir dans la manière de
vivre des Africains ce qu'il y a de plus sain quant aux
aliments et à la manière de s'abriter, de se vêtir, etc.
Dans les *qualla* ou terres basses et chaudes, il est toujours dangereux de dormir par terre, et si l'on passe
la nuit en plein air il est indispensable de tenir la tête
bien couverte, surtout quand le ciel est serein.

Les Éthiopiens disent que les mauvais génies vivent
le long des cours d'eau pour choisir leurs victimes
parmi les hommes qui y séjournent, et de fait les berges
des rivières sont notoirement délétères surtout dans
les qualla. Un Européen ne peut visiter impunément ces

terres basses que dans le plus fort de la saison sèche ou de celle des pluies. Les mois les plus malsains sont ceux qui forment la transition d'une de ces saisons à l'autre. C'est pendant la saison pluvieuse que l'air est le plus pur et que l'on peut relever au mieux les sommités lointaines et inaccessibles. D'ailleurs les indigènes tiennent alors leurs quartiers d'hiver, les haines locales sont assoupies pour le moment et les trèves forcées de tribu à tribu gênent moins la circulation si l'on peut parvenir à franchir les rivières débordées.

Il est moins facile d'avoir affaire aux Africains rouges qu'aux nègres, car ces derniers sentent mieux la supériorité innée de l'Européen. Celui-ci ne doit jamais s'abaisser à comprendre les injures verbales ; on a conseillé de punir immédiatement par la violence les voies de fait, pourvu qu'elles ne soient pas commises par un chef ; mais on perd toujours de sa dignité et de son prestige quand on en appelle à la force brutale.

Si l'on a besoin de faire une route dangereuse, il vaut mieux voyager en caravane. Un marchand éthiopien dépeignait ainsi ce *train* des contrées ou désertes ou déchirées par les dissensions civiles : une caravane, disait-il, est un rempart ambulant ; l'intérêt commun force tout le monde à vous y défendre et l'on ne peut même vous y refuser une place si vous consentez à prendre votre tour de rôle pour veiller la nuit et pour porter l'eau et le bois ; personne d'ailleurs n'a le droit de vous demander ces services quand vous avez un domestique à votre suite. Seulement si vous faites la route pour la première fois on pourra, lors d'un droit de péage extraordinaire, vous taxer plus fort que les autres membres de la caravane dont les impôts de route se répartissent non suivant la valeur des bagages, mais selon leur volume et leur poids.

L'avantage des caravanes c'est de permettre au voyageur de se mettre en route immédiatement, à peu de frais, et pour une région qui lui est complétement inconnue, s'il arrive au moment où la caravane va partir : leur grand inconvénient c'est l'extrême lenteur de la marche et la difficulté de faire des observations astronomiques au milieu d'une cohue de gens et surtout de bêtes. Par contre, on réunit alors beaucoup de renseignements de toute espèce, et l'on s'initie profondément à tous les usages locaux. Les caravanes ne cheminant que d'un centre de commerce à l'autre, il est bon d'en profiter à l'occasion ; puis quand on s'est formé ainsi à la vie du pays, on deviendra soi-même chef de caravane pour visiter les lieux dignes d'intérêt et pas trop éloignés du quartier général qu'on a choisi. Ces petites caravanes doivent partir toujours à l'improviste, et le plus souvent elles s'accroissent en marchant, car le voyageur africain, même indigène, s'attache instinctivement en route à toute réunion de passants qui ne lui semble pas suspecte.

N'ayant pas l'expérience des qualla humides, nous croyons bien faire de transcrire ici l'opinion de M. Laird qui les a fréquentés sur le bas Quorra.

« Si vous avez pris l'habitude de porter flanelle, continuez à le faire ; sinon, ne vous y mettez point. Une couverture ordinaire de laine est le préservatif le moins cher et le plus sûr contre la chaleur ou le froid. Une ceinture de laine ou même de coton, porté au creux de l'estomac, prévient la dyssenterie. Tenez votre tête rasée et bien couverte. Ne portez jamais de bas, et usez de souliers le plus rarement possible. Adoptez l'habillement indigène en tant qu'il vous semblera commode ; ne vous déguisez jamais en tâchant de passer pour un indigène. »

« *Nourriture.* — Je ne puis donner mon avis à ce sujet, qu'en ce qui regarde les contrées chaudes et humides. Il faut y employer des stimulants actifs, tels que le poivre, les boissons spiritueuses, la quinine, et surtout l'excitation mentale, ce dernier moyen étant de beaucoup le meilleur. Mangez le moins possible, ne buvez jamais de l'eau pure, mais bien mélangée de farine, ou d'un peu d'eau-de-vie. N'usez jamais de viande rôtie ; faites tout bouillir.

« Si vous reconnaissez l'invasion de la fièvre par la douleur ou un serrement autour des tempes, des maux de cœur et une forte chaleur aux mains et aux pieds, prenez deux grains (un décigramme) d'émétique et deux cuillerées de sulfate de magnésie, mêlés avec autant d'eau tiède que vous pourrez en avaler ; ces remèdes provoqueront des évacuations par en haut et par en bas. Prenez ensuite pour diète un jeûne absolu en buvant le moins possible. Si la douleur de tête continue, appliquez de larges vésicatoires ; c'est votre unique ressource. Puis, quand le délire aura cessé, prenez assez de quinine pour vous exciter doucement. Pour la dyssenterie, point d'opium mais bien de très-fréquentes boissons d'eau avec de la farine de riz non cuit, et évitez de prendre des sels de mercure. Pour les fièvres intermittentes, de la quinine et un jeûne absolu. Si vous pouvez dompter votre appétit et recourir à l'inanition, vous échapperez à la plupart des maladies africaines. Pour la constipation, un mélange de charbon et d'eau, bu en quantités considérables, est un remède simple et qui ne manque jamais. Une seringue est utile si vous en usez rarement. »

« Une intelligence d'enfant peut venir à bout des nègres; n'oubliez point que vous êtes *fétiche* ou sacré pour eux; les deux dangers à craindre sont le climat et le poison ; soyez certain qu'un nègre n'en viendra jamais à des voies de fait. Soyez juste envers tous et ne cédez jamais si l'on vous en impose. Quand un nègre infime vous dit une impertinence, jetez-le à terre, et l'on vous applaudira. Soyez sincère et calme; un maintien digne mène bien loin parmi les sauvages.

«Surtout entreprenez votre voyage avec une foi ferme dans la Providence divine, car c'est la seule philosophie qui puisse supporter l'usure du climat africain. Si vous êtes déjà fataliste, tant mieux ; sinon, soyez-le, car vous le deviendrez dans tous les cas avant votre retour en Europe. En un mot, craignez Dieu, et tenez le ventre libre. »

Ces conseils d'un homme très-intelligent, et qui a vécu assez sagement dans le climat le plus meurtrier de l'Afrique, pour avoir pu rentrer dans ses foyers, nous ramènent à l'un des obstacles les plus saillants de ces voyages dangereux. C'est le temps qu'on y perd par suite de l'inertie si inhérente à l'Africain. Il faut l'attaquer par ses propres armes et employer le temps et la patience pour franchir ce rempart moral qui nous a caché et qui nous dérobe encore tant de belles découvertes géographiques et tant de mystères dans ces civilisations déchues qui marchent à reculons pour disparaître dans les cendres où elles semblent aimer à mourir. Quand, après une longue dépense de temps, de fatigue et d'énergie, on se voit arrêté par l'indigène, pour le motif le plus futile, alors qu'on allait toucher du doigt une grande découverte, malheur alors au voyageur qui se laisse aller au découragement ! Qu'il profite courageusement de ce retard pour rédiger ses notes passées, qu'il prépare ses questions à venir; qu'il refasse ses vocabulaires, qu'il étende son recueil des us et coutumes, qu'il s'attache surtout à entretenir comme un phare salutaire le faisceau chéri de ses espérances et même de ses illusions !

Notre expérience personnelle nous a montré comment on peut se livrer à cette gymnastique de l'esprit par l'emploi d'un instrument difficile à bien choisir, il est vrai, mais peu coûteux et très-utile. Nous avions engagé comme serviteur, une espèce de bouffon ayant pour habitude d'être heureux partout et voulant que tout le monde le fût. Mithridate aurait pâli de stupeur en le voyant massacrer les conjugaisons des idiomes étrangers et y transporter avec jactance la grammaire de sa langue maternelle, tout en étant le premier des étrangers qui sût se faire comprendre en pays nouveau, tant son ton était sympathique, tant sa mimique était intelligente et claire. Toujours prêt à faire rire et jouant alors toujours l'étonné de manière à prolonger la gaieté de tout le monde, ne doutant jamais de rien et jetant sur tout comme un manteau couleur de rose, il a dompté bien des obstacles et assoupli plus d'une volonté rebelle. S'il riait, on lui tenait compagnie ; s'il pleurait, on riait encore ; s'il plaidait, son procès était gagné avant d'être entendu, et le voyageur européen qui retrace ici son souvenir, avoue même avoir trouvé bien des consolations , tant au milieu du dénûment matériel que dans la détresse d'esprit, en écoutant les discours incessants, mais toujours pleins d'élan, de ce naïf Africain.

Trop heureux s'il s'attache un passe-partout de ce genre ; l'explorateur fera bien dans tous les cas, en s'imprégnant de sa facile philosophie, de se rappeler que pour le phlegmatique Africain, nos impatiences sont des égarements passagers, et notre colère un véritable accès de folie. Parler peu, écouter toujours, manifester de l'intérêt pour tout ce qui fait le fond des pensées indigènes, mésestimer le temps en apparence en ne s'irritant d'aucun délai, et surtout établir d'étape en étape comme autant de quartiers généraux, par des amitiés précoces et des relations toujours faciles à nouer : voilà les vrais secrets pour préparer et assurer le succès dans les vastes difficultés d'une exploration africaine.

Paris. — Imprimerie de E. MARTINET, rue Mignon, 2.